HARLEY-DAVIDSON

ハンバーグ師匠の
Motolife

HARLEY-DAVIDSON

HARLEY-DAVIDSON

contents

SPECIAL ISSUE

師匠こだわりの愛車たちを徹底解剖

タイプがまったく異なる3台

テレビの出演をきっかけにおそらく
「日本一有名なハーレー」となったSLP号だけど、
オレが乗っているのはそれだけじゃないのよ。
SLP号をはじめとしてオレのこだわりが詰まった
3台の愛車を隅々まで紹介するよ！

『アメトーーク！』で鮮烈なお披露目を果たし、走れば誰もが注目するアイコン的存在。いまやハンバーグ師匠の代名詞といっても過言ではない。

古くから若者を中心にアメリカ西海岸で人気を博してきたローライダー。重心が低く安定感のあるスタイルは足つきのよさにも貢献している。ディーラーでの一目惚れをきっかけに手に入れて以来、素材の魅力を引き出しつつカスタムを楽しむ。

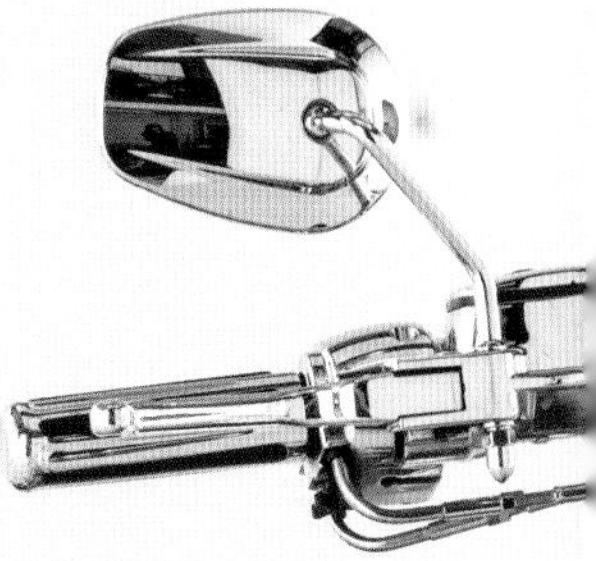

Harley-Davidson FXDL Lowrider

圧倒的な異彩を放つ“SLP”

SPEC

全長／全幅／全高　2,345mm／905mm／1,185mm

エンジン：空冷２気筒 ｜ 排気量：1,689cc

FRONT

ちょっと言わせて!

フューエルタンク上部にはスピードメーターとタコメーターが縦一列に並ぶ。後傾ぎみのライディングポジションを取るハーレーならではの配置により、視認性が最適化されている。シンプルなアナログ表示も味わい深い。

フロントフォーク内部のスプリングを『サンダンス』製へ変更することにより、純正よりもソフトな乗り心地を実現している。

カラーリングこそまさに唯一無二の個性

ちょっと言わせて!

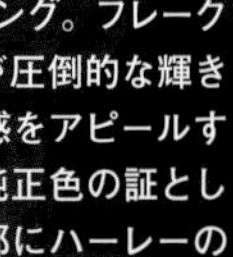

SLP 号の真骨頂ともいえるタンクのカラーリング。フレークの大きなラメが圧倒的な輝きを放ち、存在感をアピールする。ハーレー純正色の証として、タンク下部にハーレーのエンブレムがひそかに刻印されている。

スリムなタイヤと
単眼ライトが映える
クラシカルな佇まい

ちょっと言わせて！

エアクリーナーには『Performance Machine』のフェイスプレートが装着されている。性能の高さもさることながら、クロームメッキで統一されたサイドビューのなかでも、見る者の視線をひときわ惹きつけるパーツだ。

ギラギラとした色味を引き立てるクロームの輝き

ちょっと言わせて！

購入した当初は純正のタンデム仕様シートだったが、後ろに乗ってくれる人がなかなかいなかったため『サンダンス』のシングルシートへ変更。純正シートと厚みが変わらないので、足つきにも影響なし。

“メカっぽさ”が
心をくすぐる
サイドビュー

SIDE

ちょっと言わせて!

フロントフェンダー、リアフェンダーもタンクと同じピンク色にカスタムした。ボディの前から後ろまで、ド派手な一体感を生みだしている。サイドバッグの中には、外出先でもすぐに汚れを落とせるようウェスなどを常備。

デザインだけでなく実用性ももちろん蔑ろにしない

REAR

究極に煮詰めた『オレが思うカッコよさ』を背中でも存分に語る

ちょっと言わせて!

ホイールは21インチの大径ながらもリム幅がスリムなため、操舵の扱いにくさは感じない。ツーリング後は汚れが目立ちやすく、放置するとサビる原因にもなるので、こまめに磨いてメッキの輝きを維持している。

師匠の独り言
[PART 1]

バイクとオレ 時々小沢さん

まずはオレがバイクに乗り始めた頃の話。
当時の高校生はみんなバイクに乗っていたんだよね。
その後、会社員時代を挟んで芸人になった後も、
アシとして使っていた。それこそ小沢さんを後ろに乗せたりして。

バッティングセンターの店長さん、その節はご迷惑をおかけしました

遡ること三十数年。血気盛んな若者たちがこぞってバイクを乗り回してた昭和末期こそまさに、オレの青春ド真ん中だったんですよ。高校に行ってない子たちが筆頭ではあったけど、そこまでワルってわけでもないクラスメイトとか、親戚のお姉さんたちも、当たり前のようにバイクに乗ってた時代だった。「高校生になったらとりあえず原付に乗る」っていうのが自然な流れみたいになってて。同世代の方ならきっと、当時の雰囲気を思い出して共感してもらえるんじゃないかな。

ご多分に漏れずオレも、高校に入るとともに原付の免許を取りにいきましたよ。地元愛知県の平針試験場ってところで試験を受けて、たしか初回は不合格になった記憶がある。試験を受けてから結果発表までは数時間空くんだけど、当然受かると思ってたからドキドキするわけでもなく平常心で待ってたの。それでようやく合格者の受験番号が掲示されて、待ってましたとばかりに見に行ったら「あ、落ちたわ」って。原付の免許で落ちるオレって、どんだけアホなんだろうね（笑）。出だしから若干つまずいてはいるけども、オレとバイクの付き合いはこうして始まったわけなんですよ。

ヘルメットがむちゃくちゃ臭うの

原付の免許を取ったからには、やっぱり自分の原付を手に入れて乗りたくなるわけで。先輩から譲り受けた『ガンマ50（スズキ）』に乗るのをささやかな楽しみにしてた。

親からはバイクに乗るのを禁止されてたから、あくまでコッソリ、親の目を盗んで乗ってた。実家の向かいにバッティングセンターがあって、そこの駐輪場にガンマを停めてたんだけど、ヘルメットを家に持ち帰るわけにいかないからハンドルに引っ掛けっぱなしにするしかなくて。雨が降ったらヘルメットの内側がビショビショになって、さらにそのまま何日も置いておくでしょ。だから次に被ったとき、むちゃくちゃ臭うの。

そうやってニオイに耐えてまで、親にバレないように、オレなりに必死にガンマの存在を隠してたんだけど、ある日「ウチの駐輪場にずっと置いてあるバイクがあって、近所の家の少年がよく乗ってる」って、バッティングセンターの店長に気付かれてしまってさ。でもオレはバッティングセンターの土地のオーナーが親戚だってことを知ってたから、店長がオレにあまり強く言えない立場にあるのを察してそのまま勝手に置き続けてた。店長さん、その節は大変ご迷惑をおかけしました。

20代で大型免許を取ろうと思ったきっかけになったハーレー

高校を卒業してからはすぐに芸人を目指したわけじゃなく、いっぱしの社会人としてごく普通に働いてた。クルマの免許を取ったらバイクに乗る頻度が下がってしまったけど、じつは高校時代からステップアップして中型免許も取ったんですよ。でもやっぱりクルマって快適だし、社会人になると学生時代とは遊び方も変わるじゃない。そんな背景もあって、バイクからうっすらと遠ざかってしまって。バイク熱がふつふつと再燃してきたのは、21歳でNSCに入ってからだったな。

オレがNSCに入った当時、吉本興業名古屋事務所の所長がハーレーに乗る人だったんですよ。所長はオレがバイクの免許を持ってるってなんとなく知ってたらしく、ある日、所長がハーレーに乗ってきたにもかかわらず居酒屋で酒を飲んじゃったことがあって。所長から急に電話で「井戸田、申し訳ないけど俺を乗せて帰ってくれない？」って言われたから「わかりました」ってすぐに向かったの。当時オレが持ってたのはゴールドモンキー（ホンダ）で、こまかい仕様は忘れたけど、何十周年記念モデルってやつだったのは憶えてる。

僕ちょっとこれ、乗れないです

所長が乗ってたのは通称『パパサン』っていう883ccのバイクで、ハーレーのラインナップのなかでは排気量の小さいモデルだった。パッと見は中型バイクに見えるくらいのサイズ感だから、居酒屋に着いてなんの違和感もなくエンジンをかけてみたわけ。そしたら、オレの知ってる中型バイクとはなんだか様子が違う。それで「僕ちょっとこれ、乗れないです」って言ったの。だってライセンスがないんだもん、しょうがないよね。なにをどう考えても断らざるを得ない。

そしたらベロベロに酔っ払った所長に「おまえダセェな」って言われて。男のプライドとかそんな偉そうなもんじゃないけど、なんかスイッチが入ったっていうかね。その件がきっかけで、大型バイクに乗りたいと思うようになった。実際に大型免許の教習に通いだしたのはずっと後になってからなんだけども。

小沢さんね、後ろに座ってるとしょっちゅう寝落ちするんですよ

今ハーレーに乗ってるせいか、ものすごくコアなバイク乗りだと思われがちなんだけど、オレが大型免許を取ったのは40歳を迎える頃で、まあまあ遅咲きだったのね。若い頃からむちゃくちゃこだわってカスタムしたバイクに乗ってたとか、メカを含めてものすごくバイクに詳しいとかそういうタイプじゃない。だから大型バイクへの憧れはありつつも、なんだかんだ中型免許で事足りてたんだよね。

東京に出てきてからは、主にフリーウェイ（ホンダ）っていう250ccのビッグスクーターに乗ってた時期があった。渋滞しがちな都内の道を移動するアシとしては最高だったんですよ。電車賃も浮くし。

フリーウェイにはほとんど毎日乗ってて、オーディションに行ったり、仕事に行ったりした。当時は仕事でフジテレビに行く機会が多かったから、後ろに小沢さんを乗せてよくレインボーブリッジの下を走ってた思い出がある。

小沢さんね、後ろに座ってるとしょっちゅう寝落ちするんですよ。だからオレは右手でアクセル握りながら、左手は小沢さんをちょっと支えて走ってた。ハタから見たら子守りみたいだったし、振り返って考えるとわれながらすごい技術だと思うよ。今みたいにヘルメットにインカムなんかつけてなかったからさ、移動中は基本的に無言。ただただ移動してるだけって感じだったから、小沢さん寝ちゃったんだろうね。

ヘルメットは常にふたつ

もちろんお台場だけじゃなくて、昔あった高円寺の稽古場にもよく通ってた。駅でいうと小沢さんが小田急線の梅ヶ丘に住んでて、オレが東急東横線の学芸大学に住んでたから、大体いつも小沢さんを拾っては環七を通って高円寺まで行ってたなぁ。コンビでバイクに2ケツするって、いかにも小沢さんが好きそうな風景じゃないですか。実際に小沢さん、あの頃のことよく話してるんですよ。

コンビで乗ってただけじゃなく、芸人同士で集まる機会があるとその場にいる誰かしらを乗せて帰ることも多かった。バナナマンの設楽さんを家まで送ったこともあったよ。本当に移動手段として乗せただけだから、これといってネタになるエピソードは特にないんだけどね（笑）。とにかく、いつ誰を乗せてもいいように、ヘルメットは常にふたつぶら下げてた。今はもうシングルシートのバイクしか持ってないから、なんだか懐かしいな。

「小沢さんに勧めないの?」って聞かれたことが過去に何度かあったけど

小沢さんの話が出たついでといってはなんだけど、小沢さんはバイクの免許を持ってなかったんですよ。「小沢さんにバイクを勧めないの?」って聞かれたことが過去に何度かあったけど、あの人にオレからなにかを勧めても無駄なのよ。もうね、バイク云々じゃなくても、基本的にオレからモノを勧めることは一切ない。だって、カウンター食らうとなにしろ面倒臭いんだもん(笑)。

逆に、小沢さんから勧められることは結構あるんだよ。楽曲とか映画なんかをはじめとして、これまでに数え切れないほどいろんなものを勧められてきたな。ふとした会話のなかで「あれ見た?」って聞かれて、オレが正直に「見てない」って答えても、小沢さんはその作品の知識がいっぱいあるもんだから、ワーって話をしてくるわけ。オレは知らないからさ、「ふーん、あ、そうなんだ」ってリアクションしかできないじゃん。そうすると小沢さん、「ダメだよこれ知らないと!」ってやや咎め口調で言ってくる。

そこで飛び出すのが小沢節ね。「知らないことは罪だよ」とか、「知識は荷物にならないから」とか、べつにカメラが回ってるわけでもないのに、そういうフレーズがナチュラルに出てくるからすごい。うん、あの人はすごいんだよやっぱり。

なにかを勧めるのやめよう

そういえば思い出した。庵野秀明監督の『シン』シリーズがあるじゃないですか。オレが『シン・ウルトラマン』をパロディにした漫才を書いたことがあって、「こんなのどうかな?」って小沢さんに聞いたら、「俺『シン・ウルトラマン』見てないからわかんないもん」って言い捨ててそのまま帰ったのよ。あらためて、もう小沢さんになにかを勧めるのやめようと誓ったよね。オレにはオレの、小沢さんには小沢さんの世界観があるからさ。

そう考えていたんだけど、小沢さん、なんとバイクの免許を取ったんだって。聞いたときはびっくりしたよね。しかもオレに「バイクのこと教えて」って言ってきてくれたから、この前一緒に買いに行ったよ。人生何があるかわからないもんだね。

ハーレーを買ってから大型免許を取りに行くことになりました

話の焦点をバイクに戻しましょうか。東京での仕事が少しずつ軌道に乗ってきて、M-1グランプリの決勝にも進出したり、結婚して娘を授かったりしたのが30代に入ってから。そのあたりの時期から先の10年くらいはまったくバイクに乗ってなかったんですよ。もちろんバイクに乗りたい気持ちはあったけど、仕事もおかげさまで忙しいし、家庭もあるし。家庭を持ってバイクを降りる人もまわりにいたから、「まぁ、そんなもんかな」みたいな気持ちと半々だった。

バイクから離れて数年が経った頃、ちょうど大型バイクに乗ってる人と知り合ったんですよ。その彼から「大きいバイクはいいよ、買おうよ」って懇々と勧められるようになって。オレは大型二輪の免許を持ってなかったから、「欲しいけど、そもそも免許がないからね」って答えてた。今思えば、そう口に出すことで自制してたのかもしれない。

そしたらある日、彼がオレの家に突然やってきて、なかば強制的にハーレーのディーラーまで連れていかれたの。そこに展示されてたのが、今オレのもとにあるピンクのハーレーだった。のちの通称『SLP（ソープランドピンク）号』とは、こんなきっかけで出会ったんですよ。

教習所に通う面倒臭さ

もうね、お店に入ってピンクのハーレーをひと目見た瞬間に「これカッコいいなぁ」って思わず口から飛び出ちゃってたくらい、第一印象がものすごくよかった。そのまま店員さんにひと通りの説明を聞いて、カスタムの話まで展開していって、ふと気づけばだいぶ本気になってた。全然バイクを買うつもりじゃなく、ただ付いていっただけなのに。自分でもびっくりでしたよ。

お店に展示されてたときのSLP号は今の見た目と違って、タンクだけにピンクが入ってたんです。今はメッキになってる部分も、ほとんどがブラックだった。店員さんとカスタムの話をするなかで、「じゃあ、フロントとリアのフェンダーもピンク色にして、それ以外のところは全体的にメッキ、ハンドルはチョッパー気味にしたいんですけど、できますか？」って聞いたら「もちろんできますよ」って快諾してくれたから「じゃあ、お願いします！」って即購入決定。なので、ハーレーを買ってから大型免許を取りに行くことになりました。

正直、ピンクのハーレーに出会うまでは『バイクに乗りたさ』と『教習所に通う面倒臭さ』を天秤にかけたとき、なかなか教習所が負けてくれなくて。大人になってからバイクの免許を取りに行くって、わりと億劫なんだよね。

だから、きっかけとかタイミングってすごく大事で。オレにとってはそれがハーレーとの出会いだったけど、もしあの日に出会ってなかったら、未だに大型の免許を取ってなかったかもしれない。そう考えると、あのときハーレーのディーラーへ連れ出してくれた彼には、いいきっかけをもらったなと思いますね。

長きにわたり愛されてきた、ホンダが誇る空冷４気筒の名車。水冷モデルが市場の主流となるなか、2021年に生産終了を迎えた。純正車両をベースにWedge Motorcycleが全面カスタムを手掛け、ガラッとその容貌を生まれ変わらせた。

Honda
CB1100

鉄板の超名車を
フルカスタム

SPEC

全長／全幅／全高
2,200mm／830mm／1,130mm

エンジン：空冷 4 気筒

排気量：1,140cc

クラシカルな雰囲気を醸すスタイルは、この他に所有するハーレーやハンターカブのイメージとは一線を画す。フューエルタンクのカラーリングは、幾度もの調整を重ねてこだわり抜いた『ハンバーグブラウン』を採用。

FRONT

ちょっと言わせて！

ハンドル、ミラー、メーターもすべてカスタマイズ。ハンドルは純正よりもストレートなものを採用し、ミラーは純正の丸型から長方形のデザインへ変更されている。シンプルな単眼メーターには時刻を表示させることも可能。

考えぬき、手を尽くされたディテールに宿る機能美

Honda CB1100

ちょっと言わせて！

純正タンクを縦に切り、幅を5cmほど縮めることで、スリムなタンクに仕上げている。バイクに跨ってタンクを見下ろすと、エンジンまわりの張り出しが強調され、視覚的な高揚感が得られる。手描きのピンストライプもポイント。

古き良き、だが
見たことのない
CBカスタムがここに

ちょっと言わせて！

マフラーはモリワキ製をチョイス。純正の軽快なエキゾーストサウンドに比べ、やや太く重みのあるサウンドが特徴だ。マットブラックのカラーリングが車体全体の雰囲気を引き締め、スタイリングにも貢献。

フレームの短縮から マフラーの移設に至るまで 究極のスタイルを追求

●この本をどこでお知りになりましたか?(複数回答可)

1. 書店で実物を見て　　2. 知人にすすめられて
3. SNSで(Twitter:　　Instagram:　　その他　　)
4. テレビで観た(番組名:　　)
5. 新聞広告(　　新聞)　　6. その他(　　)

●購入された動機は何ですか?(複数回答可)

1. 著者にひかれた　　2. タイトルにひかれた
3. テーマに興味をもった　　4. 装丁・デザインにひかれた
5. その他(　　)

●この本で特に良かったページはありますか?

[　　]

●最近気になる人や話題はありますか?

[　　]

●この本についてのご意見・ご感想をお書きください。

[　　]

以上となります。ご協力ありがとうございました。

郵便はがき

お手数ですが
切手を
お貼りください

1 5 0 - 8 4 8 2

東京都渋谷区恵比寿4-4-9
えびす大黒ビル
ワニブックス書籍編集部

お買い求めいただいた本のタイトル

本書をお買い上げいただきまして、誠にありがとうございます。
本アンケートにお答えいただけたら幸いです。
ご返信いただいた方の中から、
抽選で毎月５名様に図書カード（500円分）をプレゼントします。

ご住所 〒 TEL（ - - ）	
お名前《ふりがな》	年齢 歳
ご職業	性別 男・女・無回答
いただいたご感想を、新聞広告などに匿名で使用してもよろしいですか？ （はい・いいえ）	

※ご記入いただいた「個人情報」は、許可なく他の目的で使用することはありません。
※いただいたご感想は、一部内容を改変させていただく可能性があります。

タンク底部から
シートへとつながる
直線が織りなす美

SIDE

Honda CB1100

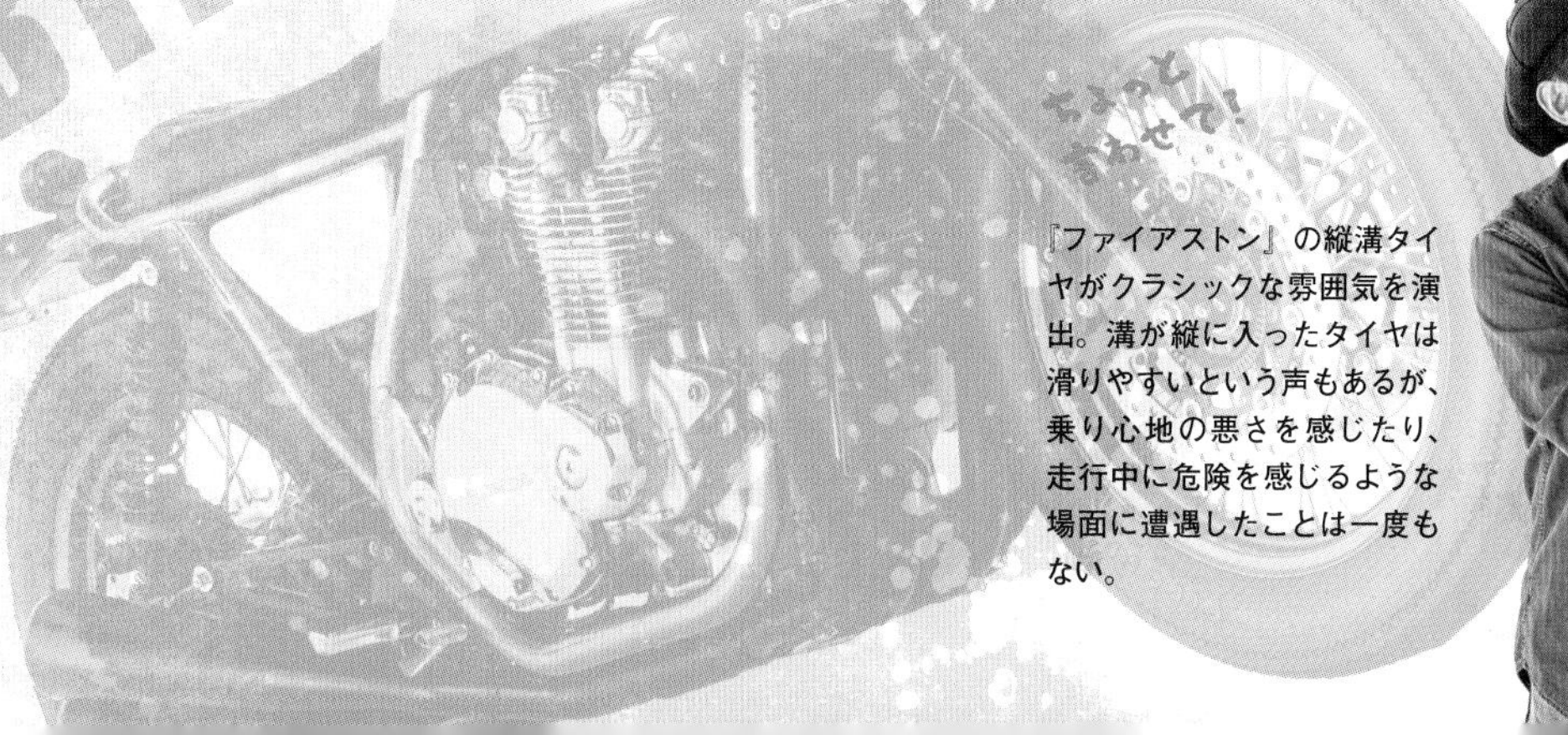

ちょっと言わせて!

『ファイアストン』の縦溝タイヤがクラシックな雰囲気を演出。溝が縦に入ったタイヤは滑りやすいという声もあるが、乗り心地の悪さを感じたり、走行中に危険を感じるような場面に遭遇したことは一度もない。

ちょっと言わせて!

純正マフラーは左右1本出しだったものを、車体の右側に2本まとめて出すかたちにし、幅広でどっしりとした印象からスリムな印象に変貌を遂げた。クオリティの高い「曲げ」のテクニックはWedge Motorcycleだからこそなせる職人技だ。

純正エンジンのダイナミックさを引き立てる各パーツ

REAR

Honda CB1100

ちょっと言わせて!

リアサスペンションはオーリンズを採用。ブラックの塗色がさりげなく個性を発揮する。弾性は適度なやわらかさで、街乗りから高速走行にいたるまで体へのダメージを感じることなく快適に楽しめる。

まさに全方位
抜け目なく磨かれた
オンリーワンな一台、
ここに極まれり

師匠の独り言
[PART 2]

「SLP」と命名されるまで

ハーレーの購入を決めてから取りに行った大型免許。
まさかこの時は「ソープランドピンク」なんて
命名されるとは思わなかった。でもそこからだよね、
オレのハーレーが「一人で」走り出したのは。

「一本橋を渡るときは遠くを見ましょう」オレ、思いっきり足元見てた

機は熟した、教習所へいざ参らん！というわけで大型二輪の教習がスタート。最初は若干の不安があったけど、バイクに跨ってしまえばすぐに感覚を取り戻せた。やっぱり体は覚えてるもんだね。最初の教習からエンストすることもなく、わりと好調な滑り出し。仕事の合間を縫いながら教習を重ねていって、スムーズに卒業検定まで進んだ。ところがさ、一筋縄でいかないのがオレなんだよね。

受けたことのある人ならご存知だと思うけど、バイクの免許の検定って、走行しながらいくつかの課題をクリアしていくんですよ。スラローム、急制動、波状路、一本橋とか、いろんな課題が検定コースに盛り込まれてる。基本は減点方式で、100点を持ってる状態からスタートして、コースを1周まわり終えたときに残ってる持ち点で合否が判定されるシステム。軽微なミスなら減点で済むけど、たとえば転倒したり、スラロームでパイロンに接触したり、一本橋から落下したりすると、その時点で不合格になっちゃうわけ。

もしも揺れるものがあるとしたら

そして迎えたオレの卒業検定。序盤からものすごく順調に進んで、課題を難なくクリアしていって、最後の一本橋まできた。内心では「もう合格したわ」と思ってたのよ。で、バイクの前輪が一本橋に乗って、さぁこれからってところで、橋の横にすぐ落ちた。心配すらしてない課題だったから「あれ!? 落ちちゃった……」って、わりと激しめに動揺したよ。あのときのこと今は笑えるけど、当時は本当に地獄だった。検定の前に教習所の指導員さんから「一本橋を渡るときは遠くを見ましょう」って何回も言われたのに、オレ、思いっきり足元見てた。それで検定は不合格に。日を改めてもう一度受け直すことになったんですよ。

再検定は風がむちゃくちゃ強い日で。検定を始める前に、教習所の検定員さんが言うんですよ。「今日は風がものすごく吹いているので、バイクが揺れて失敗するんじゃないかって心配になると思うんですけど、バイクの重さは200kgから300kgある鉄の塊なので、これくらいの強風でも揺れません。びくともしません。もしも揺れるものがあるとしたら、それはあなたの心です」って。それを聞いてオレ、「え……キュン」ってなって。だいぶシビれましたね。その後に受けた検定は無事に合格できたので、あの検定員さんには感謝してます。

素の井戸田潤と、『芸人』井戸田潤が心の中でせめぎ合って

晴れて大型免許とピンクのハーレーをゲットし、久々のバイクライフが幕を開けました。時間を見つけては愛車に乗ってプチツーリングする日々。やっぱり新しい相棒ができるとテンション上がっちゃって、ただ眺めてるだけでもワクワクしたもんですよ。

それからしばらくして、とある番組に呼んでいただく機会があって、千原ジュニアさんの楽屋へ挨拶しに行ったんです。楽屋に入ったら、そこに『アメトーーク！』のプロデューサー・加地倫三さんもいらっしゃって。雑談の流れでジュニアさんに「そういえばオレ、ハーレーのバイク買ったんですよ。よかったら今度ツーリング連れてってください」って話したんです。

そしたらそれを聞いていた加地さんが「え、バイク買ったの？　じゃあせっかくだし、『バイク芸人』やろうよ」って提案してくださったんですよ。オレは「ぜひぜひお願いします！」って即答。後日あらためて正式なオファーをいただいて、「やった〜！　『アメトーーク！』にバイク芸人で出られるなんて嬉しいな〜！　オレのバイク見たらみんなに羨ましがられちゃうかもなぁ……。ピンクのハーレー、かっこよすぎてごめんなさい」みたいなノリで相当ワクワクしてた。

で、いざ収録に行ったらもう、ゲボ吐

カイヤさんが乗ってそうやな

きそうなほどイジられ倒したわけですよ。その回ではジュニアさんがオレのバイクを見て「カイヤさんが乗ってそうなバイクやな」って言ったところから、『カイヤモデル』ってイジられ始めて、「もしくはポールダンスをやってるような怪しいお店のオブジェ」とかも言われて、オレは褒められる気満々で臨んでるから、「この人たちはなんでこんな嫌なこと言うんだろう」って結構本気で怒ってたんですよ。

だけど、オレが嫌がれば嫌がるほどそれがウケる。

愛車をイジられたくない素の井戸田潤と、『芸人』井戸田潤が心の中でせめぎ合って、最終的に『芸人』井戸田が勝ちました。あまりにもイジられるともうどうでもよくなるというか、好きにしてくださいみたいな諦めがついた。かなり複雑な心境だったけど、放送された後の反響はものすごかった。だからあのとき現場でイジってもらえて、結果的にはよかったよ。

「オレのバイクの後ろ乗る?」って誘ったら「絶対に嫌だ」って断られて

不本意ながらも『カイヤモデル』が思わぬ反響を呼び、一時期は一般の方からもそういう目で見られるようになりまして。ピンクのハーレーで街を走ってると、バシバシ写真を撮られてた。ツーリングに出かけても、こっそり見知らぬ人が近づいてきてオレの耳もとで「僕はこのハーレー、好きです」って囁かれたこともあった。「僕はわかってますよ」感を出して伝えてくるから、もちろんオレも好きだけどね！ って、心の中で返してた。

テレビの影響力ってすごいなと実感したのは、当時サービスエリアに入ってバイクを停めて、そばとかラーメンをささっと食って、バイクのもとに戻るともう人だかりができてたときね。勝手に撮影会が始まってるんですよ。出発したくてもできない状況。だからオレは人が散るまでただバイクの横に立って待機、って感じでした。「写真撮ってもいいですか？」って聞かれて「いいですよ」って笑顔で答えたら、バイクの写真だけ撮って帰っていく人もいた。バイクの横にオレが立ってるのに、だよ？ そういう、今までに経験したことのない現象が起き始めたとき、「あ、バイクがひとりで走り出した」って肌で感じたし、あのときにオレのバイクライフが本格的にスタートしたなって、今振り返るとしみじみ思います。

あれに跨っている井戸田がもうダサい

ピンクのハーレーが世間に少しずつ認知されていくのはありがたいことだったんだけど、その弊害として、女子ウケの悪さも増していった。当時よく遊んでた女の子に「オレのバイクの後ろ乗る?」って誘ったら「絶対に嫌だ」って断られてさ。『絶対』って、むちゃくちゃ強い意志を感じるよね？ それにお断りがその子ひとりだけならまだわかるけど、その後も何人か乗車拒否が続いたのが原因で、シングルシートに変えたんですよ。

たぶん女の子たちは、テレビでイジられてるバイク＝ダサいバイク＝ダサいバイクに跨がれるわけない＝あれに跨ってる井戸田がもうダサい、みたいな思考だったんじゃないかな。自分で分析してて悲しくなるわ。

アメトーーク!って影響力がエグいんですよ。一夜にしてダサいバイク界のスター（?）になったわけですからね、オレ。その座に君臨した日から、オレに対するお茶の間のイメージって『あまーい』の人から『ピンクのハーレーの人』にガラっと変わったような気がするんです。

カイヤモデルのアダ名を頂戴してから4年。『アメトーーク！』の『バイク芸人』に自身2度目となる出演オファーをいただきました。前回とはメンバーの顔ぶれが変わっていたり、前回も出演していたけど別のバイクで収録に臨む芸人がいたりしたんですけど、オレだけは「あのバイクで来てください」って依頼だったんです。だから「うちのバイク、この4年でとくに何も変わってないですけどいいですか？」ってスタッフさんに確認したら「ぜひそのままお願いします」って答えが返ってきて、またあれで参戦することになった。

で、だよ。またゲボ出るほどイジられて、そのときに『ソープランドピンク』ってあだ名がつけられたんですよ。前回同様に「お前のバイク、ダサいな」みたいなくだりがあって、そのとき一緒に出演してたヒロミさんが「ソープランドみたいな色してんな」って言い出して「ソープランドピンクやな」ってチュートリアルの徳井くんが乗っかったんだよね。そのワードがハネて、以後オレのバイクが『ソープランドピンク』って呼ばれるようになったわけよ。

「お前のバイク、ダサいな」「ソープランドみたいな色してんな」

昼間のツーリングを一旦封印

冷静に考えて、バイクそのものが色で呼ばれるってすごくない？　カイヤモデルのときも反響がすごかったけど、ソープランドピンクの反響はもう、比じゃなかった。完全に上塗りされたって感じ。4年越しにもう一回イジり直しされて世に提供されたもんだから、視聴者のみなさんの心により深く刻まれたみたいでさ。

放送のあと、SLPに乗って首都高を走ってたら、隣の車線を並走してたクルマの車内がふと目に入ったのね。そしたら車内で大爆笑が起こってて、みんなオレの方にカメラ構えてた。前回はバイクが一人歩きし始めて、今回は『オレがピンクのハーレーに乗ってるだけでウケる』って状態に突入したんですよ。サービスエリアなんかに停めてると、ツチノコとか幻の生物を見たみたいに、「本当に乗ってるんですね」って人が寄ってくる。こりゃいよいよだなと思って。そこからオレ、昼間のツーリングを一旦封印して、夜にこっそり乗るようになるんですよ。

ハーレーの担当者さんはどんな風に思っているんだろう

散々イジられ倒したSLP号だけど、実はあれ、ハーレーのディーラーで行われるカスタム大会に出展されたコンセプトカーだったんです。オレがディーラーで初めて目にしたときは、『うちの店舗ではこんな感じで作っていきますよ』みたいな、途中段階の製作車として置いてあった。

そのときから燃料タンクはラメが輝くピンク色で、つまり買ったときから今までハーレー純正色のままなんですよ。後から上塗りでカスタムしたと思われがちなんだけど、実はそうじゃない。純正無加工の証として、タンクの横にハーレーダビッドソンの刻印が施されてるんです。その部分をデンジャラスのノッチさんが見て「え、これハーレーの純正色ってこと!? こんな色あるんだね」って驚いてました。

いろんなカスタムをするなかで知り合ったビルダーさんたちも「この色どうやって出したんだ……？ 名称でいうと何色なんだろう？」ってみんなすごく興味津々に見てくれるんですよ。

「イジってもらえてすごく嬉しかったです」

こんな感じで、かなり認知度が高くなったSLP号のこと、オレが買いに行った当時のハーレーの担当者さんはどんな風に思ってるんだろうって。もしかして怒ってる可能性も大いにあるわけじゃない？

あれだけイジられてさ。それでYouTubeでも公開してるけど、『SLP号を組み上げた人に会いに行こう』って企画で、7～8年ぶりにハーレーのディーラーまで会いに行ったんですよ。

最後に連絡を取ったのが、『アメトーーク！』のバイク芸人に初めて出るのが決まってたときだった。あのときオレむちゃくちゃ嬉しくて、担当者さんに「あのバイクでアメトーーク！出ます」って電話したのね。そしたら担当者さんも「わぁー！　ありがとうございます！」って喜んでくれて。で、いざ収録に行ったら死ぬほどイジられたじゃん。だから、「もし担当者さんが見てくれてたら悲しくなるだろうな……」と思って、それからオレは連絡できずにいたんです。

実際に久々の再会を果たして、担当者さんに「あのときどんな気持ちだったんですか？」って恐る恐る聞いたら、「放送を見てました。あれほど話術の卓越した芸人さんたちに面白おかしくイジってもらえて、すごく嬉しかったです」って言ってもらえて。一応「ソープランドピンクって呼ばれてますけど大丈夫ですか？」って聞いても、「全然です、ありがたいです」って。もうさ、「ハーレーさんの懐すごいな」と思ってね。それからですよ、昼間から堂々とピンクのハーレーに乗るようになったの。公式に許可取りができたような、晴れ晴れとした気分で乗れるようになった。

Wedge Motorcycle
二平隆司氏に聞く
師匠のCBができるまで

2022年末、ついにその全貌が明らかとなり、
全国のライダーたちの間で話題となった
師匠のCB1100。師匠本人に代わり、
編集部スタッフがカスタムを担当した
Wedge Motorcycleの二平氏に
製作の裏話を聞いてみた！

なにかにつけて多様性が叫ばれる時代になったが、ふと顧みればバイクやクルマのカスタム界におけるそれははるか昔から存在していた。より磨かれた走りを追求するチューンアップ系がいれば、見た目の美しさに重点を置くドレスアップ系もいて、目指す方向性はさまざまだ。それぞれが別の志向を極めながらも他者を認め合い、歴史を築いてきたといっても過言ではない。

Wedge Motorcycle代表の二平氏は、ストリートに映えるカジュアル志向のカスタムを得意とし、数々のカスタムショーへの出展も果たしてきた。二平氏の手によって確固たる個性を授けられた車体には、言わずもがな観客の熱い視

線が集まる。

　視線を寄せた観客のひとりに、ハンバーグ師匠（以下、師匠）もいた。神奈川で毎年開催されている『ヨコハマ ホットロッド・カスタムショー』に出展していたWedge Motorcycleのブースに、プライベートで来場していた師匠が立ち寄ったのである。

出展者と来場者の関係で果たした師匠との出会い

　出会った日のことを二平氏はこう振り返る。

「弊社のブースに立ち寄ってくれた師匠が展示されていたCB1100を見て、『オレもこんなバイクを作りたいんです』と直々に伝えてくれました。僕はもちろん師匠の姿をテレビでよく見ていて一方的に存在を知っていましたけど、ショーの現場で対面する以前に面識はなく、SNSなどでの繋がりもなかったので、お声がけいただいて驚いたというのが正直な心境でしたね。師匠がうちのバイクに興味を持って、たくさんの質問をしてくださったので30分ほど立ち話をした記憶があります。まずは弊社に一度遊びに来てもらう約束をして、その日は別れました」

　ショーが開催された21年12月に出会ったのち、師匠がWedge Motorcycleを訪れたのは翌月、年が明けてからのこと。師匠のショップ訪問を控え、二平氏が打ち合わせで聞いていたのは、YouTube撮影をしながら店舗にあるカスタムバイクを見学・紹介するために訪問するという内容だった。二平氏も「バイクを見にきてもらう分にはウェルカムです」と快諾していた。

　ところが、だ。すでに配信されている動画でオチを察せるところではあるが、当日はただの見学にとどまらなかった。師匠のCBカスタムを実施することが、その場で電撃的に決まったのである。

「実際に弊社でバイクを作る云々

近隣に大学が立つ郊外で、静かに佇む店舗。一見してバイクショップだと認識しかねるほどスタイリッシュな外観が目を惹く。2019年に現在の場所へ移転してきた際、全面的にリノベーションを図り、作るバイクのテイストと基調を合わせた。

といった具体的な話は聞いていなかったのですが、師匠にお越しいただいた際にその場で『やります』と即決されたので、初対面のときに続いてまたも驚かされました。同行していたディレクターさんも相当びっくりしたんじゃないですかね。僕と同じくらい素のリアクションで『え、やるの?』って聞き返してましたから（笑）」

通常業務と並行し走り出したプロジェクト

カスタムの素材となるCB1100は、師匠が個人的に探し出して購入した個体だ。それをWedge Motorcycleに持ち込むかたちで、CBカスタムのプロジェクトが始動。実際の作業を開始したのは、師匠と出会って半年が経過した翌年5月のことだった。

師匠のCBに手をつけるにあたり、二平氏にはある計画が浮かんだ。

「師匠とはホットロッドショーでうちのバイクを見てもらったところから、こうしてカスタムを任せてもらうご縁に繋がったので、やはりCBカスタムのゴールとしては『ホットロッドショーへの出展』がいいのかなと思って。それを提案したら、師匠はとても喜んでくれました」

約半年後に控えたショーでのお披露目を目標に据え、走り出したCBカスタムプロジェクトだが、二平氏は当然Wedge Motorcycleの通常業務をこなしながら、同時並行で進めなければならない。師匠のプロジェクトが始動する以前から入っていたバックオーダーを数台抱えていたほか、じつは次回のホットロッドショーに出展予定のバイクも決まっていた。二平氏はカスタムの順番を待っている顧客に対し、師匠のプロジェクト概要を説明したという。

「師匠には、一般のお客様の仕事を進めながらの作業になることを理解してもらっていましたし、融通を利かせてもらうつもりで伝え

やわらかな陽射しが入る開放的な店内は、ざっくばらんに相談しやすい環境が整えられている。カスタムされたバイクが展示されているほか、オリジナルで製作したTシャツやコーチジャケットなどのアパレルも販売する。

自動車整備士としてキャリアをスタートさせた二平氏。鈑金塗装を行う会社で技術の幅を広げ、15年前に独立。自社で一貫したカスタムが叶うのも、積んできた経験があるからこそ。

「シンプルながら純正とは完全に別物」

たわけではないのですが、次回のショーに出展予定だったバイクのオーナーさんにCBカスタムの話をしたら、『師匠のバイクを先に出展していいよ』と譲ってくださったんです。こうしたご厚意もあって、プロジェクトに思い切って力を注ぐことができました」

ショーを終えた後も見据えた緻密なカスタム

　ケースバイケースではあるが、バイクを1台フルカスタムしてショーに出展する場合、構想から車体の完成までに約1年を要するという。それを半年で完成にもっていくとなると、時間との戦いだ。

「完成した師匠のCBは一見シンプルに見えますけど、純正と比べるとまったくの別物といってもいいくらい隅々まで手が入っています。ただショーに出展して終わりではなくて、師匠がCBを『一生もののバイクとして乗る』と話されていたので、エンジンを下ろしたついでにガスケットや細かなパーツを新品に交換して、メンテナンスも入念に行いました。古いバイクと違って、配線ひとつとっても複雑なコンピュータ制御になっているので、一本一本を引き直すなんていう地道な作業も多かったです」

　バイクが師匠の手に渡ったあとも安全に走れるよう、性能面でもぬかりなく作業を行った。そのうえで「バイクのカッコよさはバランスで決まる」と話す二平氏は、バイ

クオリティの高い塗装技術はもちろんのこと、手作業で入れるピンストライプをはじめとした繊細な職人技も光る。

「カッコよさはバランスで決まる」

屋外の駐車スペースには、随時展示車両が並ぶ。国産車ではヤマハ・SRやカワサキW650などをメインに扱っているが、各種海外製バイクにも幅広く対応。

クの外観をデザインするにあたり、タンクを含めたボディカラー選びにもっとも悩み、師匠とも打ち合わせを重ねた。

「師匠からはバイクをクラシックとかヴィンテージライクなテイストにしたいと聞いていたので、ブラウンやゴールドの色味を提案していました。YouTube動画の撮影中、カラーリングの話題になり、『ピンクをどこかに……』と師匠が言い出したときは若干焦りました（笑）。それを聞いた僕は、動画内では静かに抵抗しているように見えるのですが、あれは突然の方向転換に動揺しただけで、もしも師匠が真剣にピンクの塗装を熱望していたら、どうすればバランスが取れるかを考え直したと思います。結局『ハンバーグブラウン』に落ち着きましたが、日の当たり方や見る角度によって変化する繊細な色味に仕上がったので、自分自身の手応えも大きいです」

バイクを愛する者同士 理想をとことん追求する

YouTube動画で公開されているCBカスタムの裏話を、二平氏はこう振り返る。「動画では各工程がサクサク進んだように見えますが、試行錯誤する場面は多かったです。たとえばシート厚を変えるとき、少し削っては師匠に写真を送り、『もう少し薄くなりますか？』、『じゃあと5㎜削ります』という応酬を繰り返しました。師匠が迷った際は『二平さんがカッコいいと思うように』と判断を委ねてくれる場面もあり、僕を信頼して任せてくれて光栄でした」

師匠と作り上げてきたCBが出展したホットロッドショー当日は、予想以上の大反響だった。

ショールームの目玉的立ち位置に君臨する1980年代製のホンダ・GL400。日本国内ではマイナーな車種だが、ヨーロッパでは人気が高い。マニアックな車種も知り尽くし、カスタムを手がける。

「例年より多くの方が足を運んでくれて、師匠の影響力を思い知りました。同業者も『師匠がまさかこんなカスタムを選ぶなんてね。嬉しいね』と喜んでくれました」

約1年にわたるCBカスタムプロジェクトを完遂した二平氏は、その期間を「自分自身にとって意味深い日々だった」と回顧する。

「初めは『芸能人』として師匠に接していましたが、お会いするうちに師匠のバイク愛が伝わり、いつの間にか『バイク好き仲間』として打ち解けていたんです。もし師匠が『バイク好きキャラ』を作っていたとしたら、このプロジェクト自体を引き受けていなかったかもしれません。それほど師匠の本気が伝わってきたからこそ、僕も精一杯応えるつもりで取り組みました。CBを作り上げるために使ったすべての時間は、僕にとって人生の貴重な経験です」

バイクを愛する二人が作り上げた渾身の一台は、見る者を魅了する唯一無二の姿に仕上がった。プロジェクトを通じて築かれた男同士の絆も末長く続くことだろう。

（文／吉田奈苗）

Wedge Motorcycle
住所／〒206-0001
東京都多摩市和田1377
電話／042-401-8198
Mail／wedge352pf@yahoo.co.jp
営業時間／10:00 ～ 19:00
（定休日／水曜日）

パーツメーカーさんに「井戸田さん光るの好きそうだから、うちの商品付けません？」との提案を受け、作ってもらった装飾パーツ。車体左側は「SLP」の文字が入ったピンク色、反対側は中日ドラゴンズカラーのブルーが光る。

Honda CT125 HUNTER Cub

SLPカラーな普段使いの相棒

SPEC
全長／全幅／全高
1,965mm／805mm／1,085mm

エンジン：空冷単気筒

排気量：123cc

長年愛されて続ける「カブ」シリーズのなかでも、オフロードの走破性を高めたモデルがハンターカブだ。事務所へ通う際のアシを探していたとき、使い勝手のよさとデザインのカッコよさに惹かれて購入。今では一番の相棒として日常をともにする。

FRONT

ちょっと言わせて!

アシとしてラフに乗るうえで、機能的な装備は欠かせない。スマホのナビを見られるよう、ハンドル部分にはスマホホルダーを装着。風防の内側に取り付けられた小さなポケットが、細々としたものの収納に役立つ。

とことん使い込めるよう日々アレンジを繰り返す

Honda CT125 HUNTER Cub

ちょっと言わせて!

「世田谷ベース」の総務・雄一郎さんと旭風防がコラボした、ハンターカブ用の風防を取り付け。レトロな見た目を手に入れただけなく、風除け効果も抜群。シートは純正よりも少し薄めのK-SPEED製に変更している。

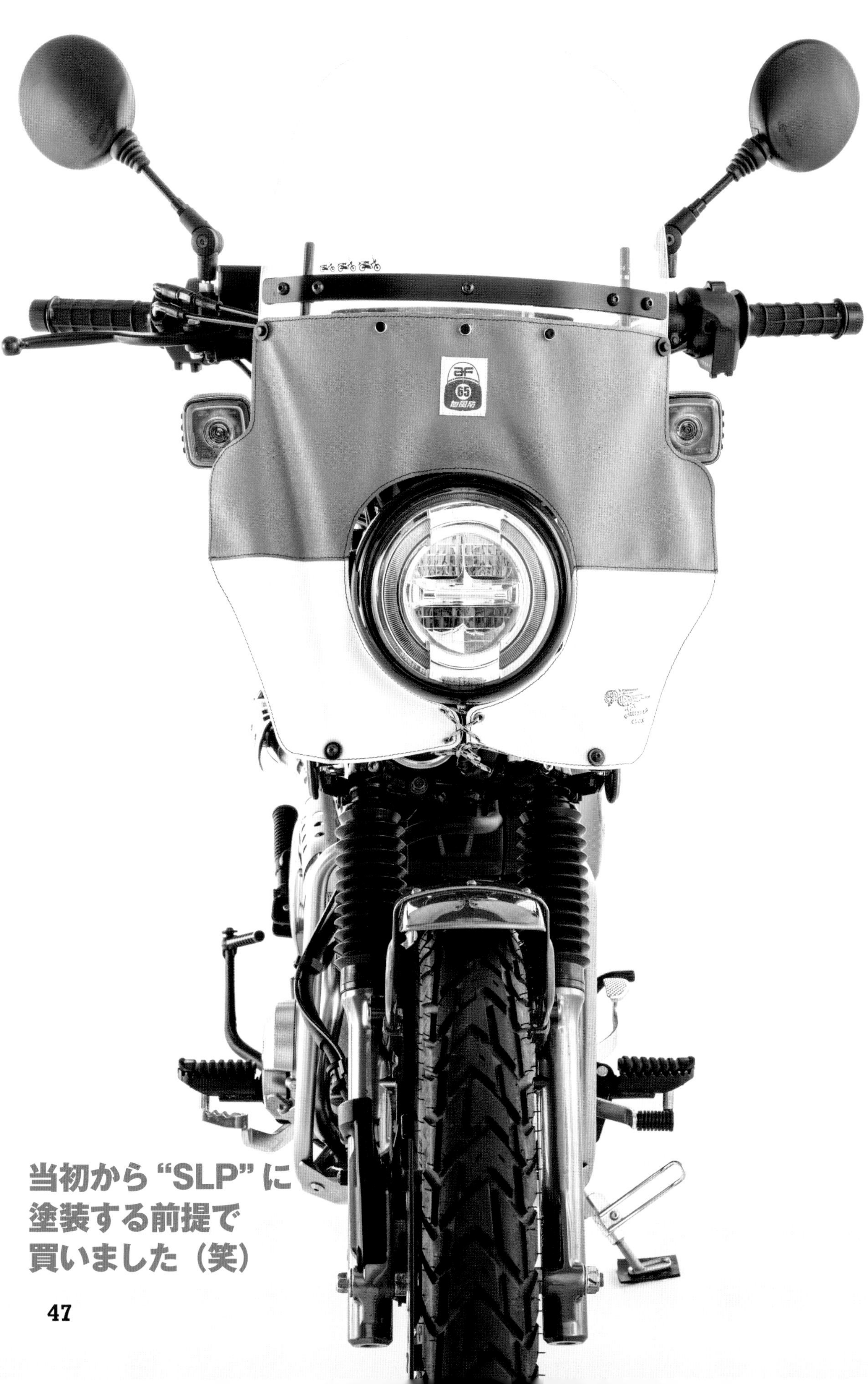

当初から“SLP”に
塗装する前提で
買いました（笑）

可愛さと裏腹に
ガンガン乗り回せる
タフなパートナー

ちょっと言わせて！

今付けているヨシムラのマフラーが、このバイクにとって3本目となる。純正マフラーからヒロミさんにもらったマフラーへ変更するも、短期間で現マフラーへ変えることとなり、やや怒られながらもヒロミさんへ返却した。

そのときの気分に合わせて、手軽にカスタマイズできる親しみやすさがイイ！

Honda CT125 HUNTER Cub

SIDE

ちょっと言わせて！

埼玉県川口市で板金塗装を行う「ハラペコモータース」にて、SLPカラーを調合してもらい一面ド派手な塗装を施した。比較的タマ数の多いハンターカブの中でも、ひと目でハンバーグ師匠のそれとわかる個体が完成。

見た目と実用性を どちらも諦めず 思いのままにイジる

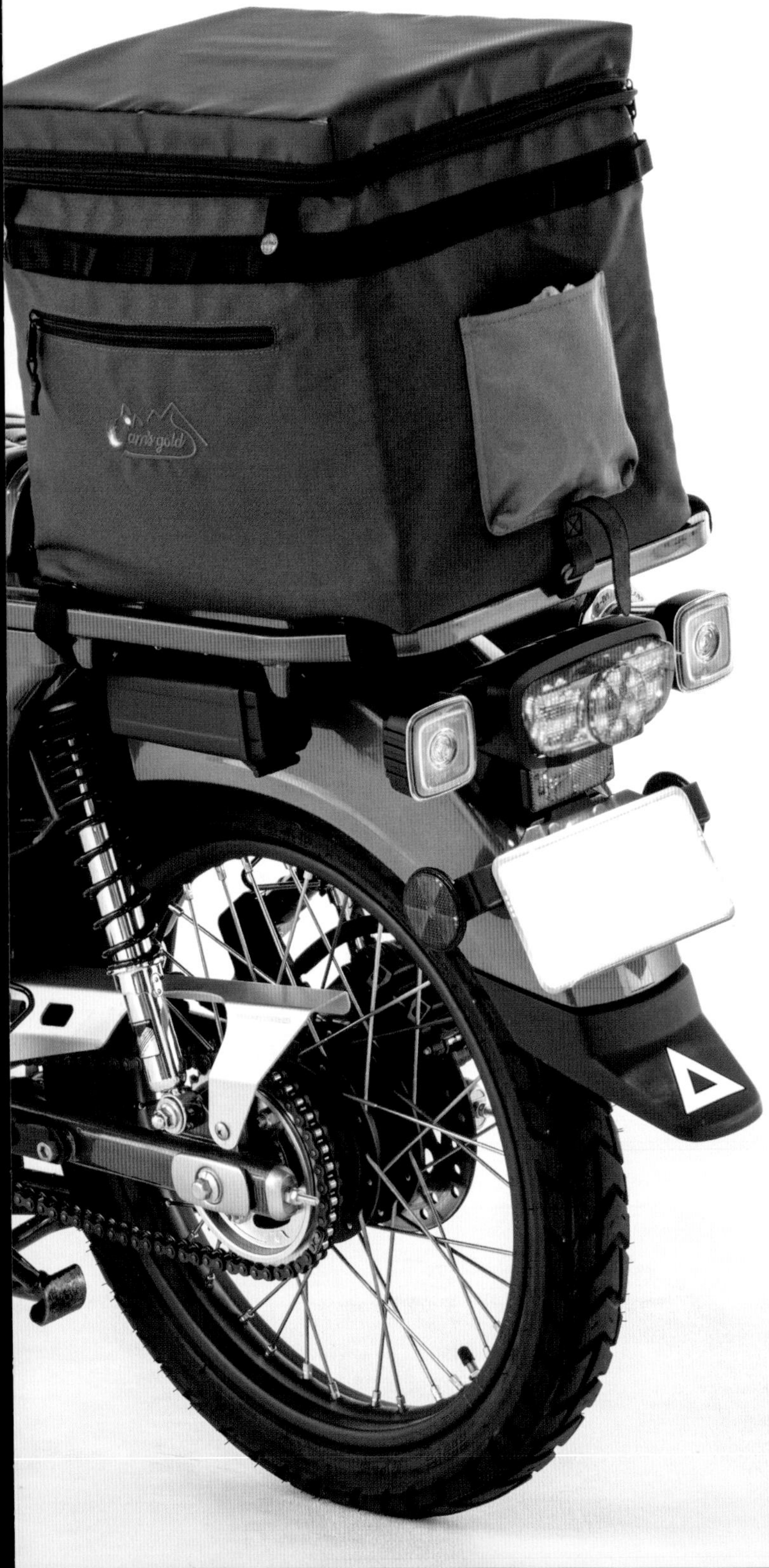

ちょっと言わせて!

リアサスペンションは、バイクのカスタムパーツショップとして定評のある「スペシャルパーツ武川」製。シートの変更と合わせて車高を約4cm落とすことで、足つきのよさを向上させた。チェーンカバーにも同社の製品を採用。

REAR

Honda
CT125
HUNTE
Cub

師匠の独り言
[PART 3]

そして走り出した
オレのSLP号

瞬く間に「日本一有名なハーレー」になったSLP号。
バイクだけで仕事をいただけるのはありがたいんだけど、
プライベートでは不思議な人に絡まれたり……。

ネットニュースに取り上げられるって、良くも悪くも芸能人として注目されてる証拠だと思うんだけど、オレのバイクも記事になったんですよ。「井戸田のハーレーをイジった芸人たちが次々と謹慎になっている」って内容で。

記事が出てしばらくしたら、テレビディレクターのマッコイ斎藤さんが電話をかけてきて、「井戸田くんのバイクをバカにすると、なにか良くないことが起こるの?」って聞かれたから、「そういう記事はたしかに出ましたね。たとえば○○さんがこういう経緯で謹慎になったんですよ」って説明した。そしたら急に「今から井戸田くんの家行っていい?」って言われて、「なにしに来るんですか」って聞いたら「謝りたいんだ。バカにして本当ごめん」って。

マッコイさんが気にしてたのは、以前とんねるずさんの番組にオレが出演したとき、石橋貴明さんがバイクのタンクに油性ペンで『井戸田』って書いたことだった。ほかにもバッテラを持ってた照明の若い男の子にマッコイさんが「タンクにぶつけろ」って指示して、バーン!ってぶつけたんですよ。で、オレが「おい!キズついてるじゃねえか!」みたいなリアクションをするくだりがあって。オレとしては番組に呼んでもらってるから全然気にしてなかったんだけどね。

お清めして謝っとかないと、自分のなかで引っかかっちゃう

指示した側のマッコイさんはそのことを覚えていて、連絡してきたわけ。「オレは気にしてないですよ」って言ったんだけど、「いや、バイクに謝りたい」って引かなくて。その執念が逆に怖かった。

俺こんな時に動画回さないよ?

そのときはもうマッコイさんがタカさんとYouTubeを始めてたから、オレは「これ絶対裏があるな」と思って、自分でも動画を回しながら、こっそり近づいたんですよ。暗がりでバイクに跨って待ってたマッコイさんに、オレが「わー!」って驚かしにかかったら「なにしてるの?俺こんなときに動画なんか回さないよ?」って冷静に言われて。なんかオレ拍子抜けしちゃって、すぐピンクのハーレーの元へ連れてったの。

マッコイさんね、バイクを見るなり水筒に入れてきたお神酒と、ポケットに入れてきた塩を前輪と後輪にまいたの。その後「もう二度としません」って、合掌しながらバイクに謝ってた。マッコイさんって結構しっかりしていて、「明日から大阪にバイクで行くから、ネット記事を読んじゃった以上はお清めして謝っとかないと、自分のなかで引っかかっちゃう」って言ってて。で、お清めを終えたら「じゃあ帰るわ」って颯爽と去って行ったんですよ。

普通の腰とかお腹に貼るサイズのカイロを、足の甲に貼るんですって

マッコイさんとはね、最近はバイクのYouTubeチャンネル『TOKYO BB』でご一緒させてもらってる。冬に、おぎやはぎの矢作さんと、元AKB48の平嶋夏海さんとオートレーサーの方とオレでツーリングに行く企画があって、千葉に行ったんですよ。

竹岡式ラーメンを求めて、富津の『木琴堂』っていうラーメン屋さんに行きまして。店名の『もっきんどう』って、字は楽器の木琴なんだけど、木・金・土曜日しか営業してないから、『木琴堂（木金土）』なんだそうで。そこは乾麺を使ったお店なんだけど、むちゃくちゃ美味かった。あと、久々に寒いなかバイクで走って、みんなで温かいラーメンを啜る感じが良くて、「ツーリングってこういうのも楽しいんだったな」って思い出しましたね。結局またバイクに乗り出したらすぐ冷えるんだけど（笑）。

冬に役立つツーリングの知識

平嶋さんはかなりのバイクガチ勢なんですよ。オレなんて平日に時間を見つけてツーリングに出かけるか、仕事で遠出するとかはあるけど、平嶋さんはバイクに乗るたびに遠出してるらしくて。だから冬に役立つツーリングの知識をいろいろと教えてもらいました。

特にカイロの貼り方には衝撃を受けたね。冬、バイクに乗ってるときの足先ってギュンギュンに冷たくなるじゃないですか。だから足の裏に足先用のカイロをベタって貼りがちだけど、平嶋さん曰くそれじゃだめだそうなんですよ。その貼り方だとカイロの中身が空気に触れてないから、発熱されず温かくならないって。解決策としては、足用じゃなくて、普通の腰とかお腹に貼るサイズのカイロを、足の甲に貼るんですって。で、「ちょっと足先が寒くなってきたな……」って思ったら、ブーツの中でちょこちょこ指を動かすと空気が回るから、また温まるらしいんですよ。

それ本当なのか？　って、言われた通りにカイロを貼って実験してみたら、これがまぁ効果テキメンで。全然寒くない。もうね、足先用に貼るカイロじゃなくても大丈夫（笑）。体用の『貼るカイロ』を甲に貼れば、冬は無敵ですよ。いいこと教えてもらったなぁ〜。

遠出の思い出といえば、ハーレーが納車された日に、都内から中央道を走って富士山の近くまで行って一泊したんですよ。最初むちゃくちゃ怖かったけど刺激的だったから、あの二日間のことは今でも鮮明に憶えてる。納車されてすぐに遠出したからか、わりとすぐハーレーの扱いに慣れたというかね。

だからハーレーに乗り始めて間もない頃、ジュニアさんに誘ってもらって何人かで熱海に行ったときもツーリングをルンルンで楽しめた。熱海までの道中も一般の方に囲まれて写真を撮られたんだけど、一緒に行ったメンバーの乗ってるバイクが旧車ばっかりで、「日本のやんちゃしてる男子のとこに、急にアメリカ人のヤンキー転校生が来たみたいやな。そりゃ浮くわ……」ってジュニアさんが言って、「その例えはさすがですね」ってオレが笑って、キャッキャしながらツーリングを楽しんでたんですよ。

ワ〜って楽しげに走っていったつもりなんだけど

背中を丸めて、浴衣を着たまま海で……

で、宿に着いて風呂に入って、みんなで酒を飲んでるときに、前の奥さんからLINEがきた。内容は、「結婚することになりました。マスコミ発表が○月○日になるから、その前にお伝えしようと思いまして」みたいな。オレ、よく憶えてないんだけど、そこで号泣したらしいんですよ。「オレ一回席を外しますね」って言って、トイレに行ったのは憶えてる。

そのときになんか悲しかったのは、オレの実の娘が、書面上のオレの娘じゃなくなるっていうのが寂しくて。その涙なんですよ。で、トイレから戻ってきた後も、「うっ、うぅ……」って嗚咽を漏らしてたらしいんですね。オレがどうして泣いてるのか、みんなはあんまり踏み込めなかったらしいんだけど、「さすがにどういう状況？」って聞かれて、LINEを見せた。そしたら「そっか……」ってだいぶしんみりした空気になっちゃって。そしたら、パタパタママのしもにーが「海に行きますか、みんなでパ〜っと！」って言ったの。

そして、みんなで浴衣のまま旅館の前のビーチに走って行ったんですよ。オレは、先に海に入った後輩たちがはしゃぐのをジュニアさんと一緒に眺めて、「じゃあ、オレも行ってきます」って言ってからワ〜って楽しげに走っていったつもりなんだけど、ジュニアさん目線でのオレは、背中を丸めて、浴衣を着たまま海で入水自殺を図ってるように見えたらしいんですよ。それでジュニアさんが慌てて追いかけてきて「あかん、あかん!!」って必死にオレを止めたっていう。もうさ、純文学の世界だよね。

「おまえ、誰の許可を得て、この界隈でハーレーに乗ってるんだ？」って、何？

2014年のある晩、麻布十番の居酒屋で後輩芸人と飲んでたオレ。オレの隣の席には、ワンちゃん連れの美人なマダムがひとりで座ってたんですよ。飲んでるうちにオレはそのマダムといくらか会話を交わすようになってきて、そのうち酒のノリで「綺麗ですね〜」ってマダムを褒めてたんですよ。

そしたら男が店にひとり入ってきて、オレに「おい」って。その人、オレの顔をパッと見て、「なんかおまえ、見たことあるな。誰と飲んでるんだ？」って聞いてきた。オレがなにかを答える前に、「まぁまぁ、いいじゃない」ってそのマダムが牽制したの。正直「この展開なに⁉」って思ってたら、男が「このお方はな……」みたいな入りでマダムがいかにすごい人かを説明し始めた。よくわからないんだけど、そのマダムは昔レディースのトップだった人らしい。

面通さなきゃいけない方がいらっしゃる

説明を聞かされたオレは「そうなんですか」とは答えたものの、内心では「別にそんなこと言われてもなぁ」って思ってた。そしたら今度はマダムがその男に「この方は芸人さんでね」って紹介したんだけど、途端にその男が「あ、おまえ、この前アメトーーク！のバイク芸人に出てたよな？」って。オレは「はい、出てました」って答えたら、男が「俺、実は警官なんだ。普段は白バイに乗ってる、バイク乗りだ」って言うんです。本当かどうか知らないですよ、確かめようもないし。だから、「あぁそうなんですか……」くらいのリアクションしかできない。でもまた男が続けざまに話しかけてくるんですよ。

「おまえハーレーに乗ってるよな？」

「はい」

「ハーレーの何に乗ってるんだ？」

「ローライダーに乗ってます。ビッグツインエンジンです」

「おぉ……。おまえ、誰の許可を得て、この界隈でハーレーに乗ってるんだ？」

いやいやいやいや。「おまえ、誰の許可を得て、この界隈でハーレーに乗ってるんだ？」って、何？

「どういうことですか？」

「この界隈でハーレーに乗るんだったら、

面通さなきゃいけない方がいらっしゃるだろうが」

「いや、ちょっとわからないです……」「奥にいらっしゃるからついてこい」

丸っきりわけがわからないんだけど、言われるがまま身を任せるしかなくて、店の奥に連れていかれたんですよ。奥ではおじさんたちが数人で宴会をしてた。そこに男が「お久しぶりです」って声をかけたら、飲んでたおじさんのうちのひとりが「おう、どうした?」ってこっちを見たんです。ひょろっとした、いかつさなんて皆無のおじさん。この人がボス的な人か、って瞬時に察したけど、想像してた見た目とはまったく違って少しだけホッとした。

そのボスらしき人が、「おまえハーレーに乗ってるのか、じゃあそこ座れ」って一緒に酒を飲む展開になった。オレは言われるがままに座るしかない。居心地の悪さを感じながらも、ボスらしきおじさんに無礼があってはならないと、とにかく会話を続けてたんですよ。

「ハーレーに乗るのは何台目だ?」

「初めてです」

「初めて? 初めてでお前、そんなごついやつ乗ってるのか?」

「そうです」

「ふ〜ん、そこまでは認めてやるよ」

「はぁ……」

「でもなぁ、走りを見なきゃわからねえな」

「はい……?」

「来週の土曜日、昼の11時に代々木公園に来い。みんなで走りにいくから、そこでおまえの走りを見て、確かめる」

「は、はい」

代々木公園が封鎖された

こんな感じで、意味はまったくわからないけど、ものすごいオファーが来た。

迎えた土曜日。おっかないなと思いながらも、家で出かける支度をしてたんです。そろそろ行こうかなってときにテレビをパッと見たら、「代々木公園が封鎖された」ってニュースが流れてた。その当時『デング熱』ってのが流行ったの、憶えてますか? 蚊がウイルスを媒介して、刺されると高熱とか発疹が出たりするあの病気。どうやらデング熱のウイルスを持った蚊が代々木公園に発生したらしくて、公園に入れなくなったんですよ。

ニュースを見て、「あれ? これじゃオレ行けないじゃん」と思ったけど、おじさんと連絡先も交換してなかったから、連絡すらもできなくて。結局オレ、その日は行かなかった。だって封鎖されてるんだから仕方ないよね。

でも、あのおじさんたちは約束を憶えてただろうし、あの日オレが来なかったことを怒ってたら嫌じゃないですか。だから2回目のアメトークに出させてもらったとき、このエピソードを話したんですよ。「オレはあなたたちにビビってたんじゃないです。デング熱にビビったんです!」ってメッセージを番組で残した。

あの日、もし代々木公園に行ってたらどうなってたんだろうな……って時々思うことはあるんだけど、考えたところで想像もつかない。でも、あの日デング熱で封鎖されてる代々木公園周辺で、オレを待ってるハーレーおじさんたちがいたかもと思うと、おじさんたちには申し訳ないけど、マジでおもしろい。

すべては バイク愛から生まれた 師匠の オフィシャル アイテム

OFFICIAL ITEMS

ただSLP号に乗って
YouTubeを配信してるだけじゃなくて、
実はこんなグッズもありました。
ここでは過去に販売していた
オフィシャルグッズを紹介。
どれもバイクに乗ることを第一に考えたよ！

Item 01

ビッグシルエット オーバーサイズ どんなコーデにも！

ハンバーグ師匠＆DEVILOCK Tシャツ

ハンバーグ師匠のハンバーグロゴが胸に入り袖部分にはDEVILOCKダイムラーロゴがプリントされた一品。

Item 02

これぞDEVILOCKとハンバーグ師匠の真骨頂

DEVILOCK x ハンバーグ師匠
コラボレーションN-3Bタイプ
バイカージャケット

両胸両肩部分には完全オリジナルのハンバーグ師匠ワッペンとDEVILOCKベクトルロゴワッペンを装備。

寒い季節のマストアイテム

これぞDEVILOCKとハンバーグ師匠の真骨頂

ジャケットバック腰部分にはグローブなどを入れるポケットを付け、よりバイカージャケットらしさをアピール。

Item 03

オーバーフィット デザインで 小顔効果抜群

ハンバーグ師匠立体刺繍＆
DEVILOCK ロゴ刺繍 CAP

ストリートにもハマる

メンズ、レディース問わず、ユニセックスで着用可能。

ジャストな着こなしは
もちろん、
ビッグシルエットでも！

話題性、本格性、デザイン性
どれをとっても
渾身の逸品！

Item 04

**話題性、本格性、デザイン性
どれをとっても
渾身の逸品！**

MASTERCOACH

背中の大きなグラフィックはこのジャケットのための描きおろし。

胸のベルクロには取り外し可能な３種のワッペン。

Item 05

**レイヤードコーデが
グッと盛り上がる
ポップな１着**

ハンバーグ師匠 & DEVILOCK
ラグランＴシャツ［七分袖］

フロントにハンバーグ師匠のハンバーグロゴ、袖部分には DEVILOCK ダイムラーロゴが。

＼ 今後の展開は
ここをチェックしてね！ ／

**ハンバーグ師匠
OFFICIAL
STORE**

師匠の独り言

[PART 4]

バイクから広がった世界

「SLP号」と名付けられてからというもの、バイク2台の購入にとどまらず、いろんな広がりが生まれているんですよ。最近は「YouTubeを見た」って声を掛けられることが増えて嬉しいよね。

付き合いが長いぶん、SLP号とのエピソードがどうしても濃いんだけど、YouTubeチャンネルを始めてから出会って手に入れた他の2台の話もしていこうかな。先に買ったのがハンターカブ（ホンダ）で、これはそれこそ、ノリで買った。ノリでしかない、って言ってもいいくらい。

動画でも公開してるけど、ハンターカブを買う以前にはカブに乗ったことがなかったから、納車されるまでロータリー式ミッションの操作方法さえよくわかってなくて。納車されて公道に出てから、ギアをニュートラルに入れる方法を信号待ちで隣に止まってたカブのおじさんに聞いたくらいだもん（笑）。そのときおじさんは態度に出さなかったけど、内心ではきっと驚いてたと思うよ。「この人、こんな基本操作も知らずに買ったのか……!?」みたいな。

ロータリー式ミッションの操作方法さえよくわかってなくて

で、言われた通りにやってみたけど、ニュートラルに入ってるかどうかを確かめる方法が全然わからない。それでふとメーターパネルを覗きこんだら、ただ撮影用に取り付けたGoProが『N』の表示を邪魔して見えてなかっただけっていう。ものすごく初歩的なミス。そんな超入門編のレベルから、ハンターカブとの生活がスタートしたわけですよ。

街乗り最強だと つくづく実感

ハンターカブはもう、車体をソープランドピンク色に塗る前提で買ったから、純正の赤いカラーリングで走ったのって本当に新宿のHONDAから塗装業者までの道のりだけだったんですよ。なんかホンダさんに申し訳ない買い方しちゃってるし、純正の赤も綺麗な色だったからそのままでもよかったかなってたまに思ったりするけどね（笑）。

兎にも角にも、いまやハンターカブは仕事の現場へ行く際にかなり重宝してます。ハーレーでテレビ局に行くこともあるけど、停める場所に困るときもあるんだよね。駐車場に停めるための車両申請が必要な場合もあるし。その点ハンターカブなら駐車場に入ってから「置ける場所、どこかありますか？」って聞くと車両申請してなくてもあんまり場所を取らないから、置かせてもらえたりして便利。乗れば乗るほど、やっぱりカブって街乗り最強だとつくづく実感しますよ。そりゃ郵便局の人をはじめとして、いろんなものを配達する人がカブに乗ってる理由がわかる。想像してたよりも速いし、小まわり利くし、優秀なバイクだなって。

二平さんが抵抗してくれたおかげで、ピンクの呪縛から解き放たれた

ハンターカブの後に買ったCB1100（ホンダ）は、オレがなにかを語る必要がないほど無敵のバイクですからね。ちょっと取り回しは重いけど、見た目はかっこいいし、教習車にも採用されてるだけあって安定性も高い。キャブじゃなくてインジェクションなのも安心感があっていい。まぁオレはハーレー一筋だけど、エンジンがどうのこうのじゃなく、ただ形から入ってるだけなんだけどね。

CBは『ホットロッドカスタムショー2021』に顔を出したときに、ウェッジモーターサイクルさんのCB750を見て、「これかっこいいな！」って衝撃を受けたのがきっかけで欲しくなった。ショーの現場でウェッジの代表・二平さんとお話をさせてもらって、「オレもCBのカスタムをやりたいんですけど、お願いできますか？」って頼んだところから始まったんですよ。いきなり話しかけたのに、二平さんは「よくぞこちら側にきてくれました！　師匠はオールドスクールのパンヘッドとか、ショベルとか、そっちに行くと思ってましたけど、こっちにきてくれて嬉しい」って大歓迎してくれてありがたかったなぁ。

ハンバーグ師匠らしいハンバーグブラウン

どんなカスタムにするか実際の打ち合わせが始まると、やはり「どこかにソープランドピンクを入れますか？」って話になって、オレもどこかには入れるんだろうなって漠然と考えてはいたんだけど、二平さんがそれをうっすら拒んだんだよ。ピンクをどこに入れるかの話し合いでオレが「じゃあタンクにピンクのラインを入れるのは？」とか「タンクを丸ごとピンクに塗装しちゃいますか」って提案すると、二平さんが「ちょっと追い付かないな……」って。オレが何を言っても「追いつかない」しか言わないから、「あ、本当に追いつかないんだこの人は」って思って。いや、そもそも「追いつかない」って独特な表現は何？　って思い始めたら、拒まれるのがむちゃくちゃおもしろくなっちゃった（笑）。

オレ自身、なんかソープランドピンクに取り憑かれていたというか、そもそもハーレーのピンクがかっこいいと思って買ったけど、根っからのピンク好きではないし。オレが「ピンクを入れなきゃいけない」って、自分で自分の首を絞めて

たんだよね。二平さんが抵抗してくれたおかげで、ピンクの呪縛から解き放たれた。結果的にハンバーグ師匠らしい、ハンバーグブラウンのCBが完成して、むちゃくちゃ満足してますよ。

ありがたいことに、ハンバーグ師匠のバイクチャンネルをきっかけにして舞い込んだ仕事がいくつもあるんですよ。たとえば、オレの地元の愛知県では交通事故発生件数が全国ワースト1位になったことがあって、そのときにオレが『ツーリング師匠』に任命されて、イベントに参加させてもらった。白バイの先導の後ろをハーレー軍団が連なって走るんだけど、オレも自分のハーレーに乗って名古屋の中心部までツーリングしたんだよね。

あとはテレビ番組の企画に呼んでもらって「ハーレーで走ってください」みたいなのもあったり、バイク好きな芸人を集め企画があったり。熊本でハーレーダビッドソンジャパンのイベントが開催されたときは、トークショーをやらせてもらったりもした。他にもバイクだけ稼働させて、オレは動かなくていいお仕事もあって。ありがたいかぎりですね。

YouTubeでバイク絡みの動画をアップする前は、いろいろな試みをやっていて。だけど動画がそれほど回らず結構苦戦して、試行錯誤するなかでバイク動画を上げたら手応えがあったんですよ。

今後のYouTubeの展望でいうと、オレが今から動画で頑張って高収益に繋げるのは不可能だからさ。オレができることとすれば、YouTubeの動画をきっかけにして、その先でなにかおもしろい企画が展開できればいいかなと思ってて。オレのなかでのYouTubeの存在はそういう風になってきてるかな。だから動画を上げて終わりじゃなくて、そこからなにかに繋げられるように考えてる。

動画を上げて終わりじゃなくて

地方の街をバイクで巡る企画のお話がたまにあるんだけど、たとえば『〇〇牛』って全国各地のブランド牛があるじゃないですか。すでに有名なブランド牛がある一方で、これから『〇〇牛』を売り出したい地方自治体もあると思うんですよね。バイクでその街を走ってまわって、地元の人たちとこれから売り出したい『〇〇牛』のお肉を使ったハンバーグを作るって企画があったらおもしろそうだなと思って。そのハンバーグをきっかけにして、他所からその街に人がたくさん来て、そこでイベントができたら最高だなって考えてる。あれ、なんか急に真面目なトーンになっちゃった。これ芸人のトーンじゃなくて政治家のトーンだよね（笑）。

まぁ今はまだそんなイベント案を勝手に思い浮かべてるレベルだけど、少しずつ形にしていきたいな。イベントがあるから人が集まるし、イベントを通して芸人が出る場所もつくれたらいいなと思うし。バイク好きもクルマ好きも、全国の土地土地に絶対いるから。そこの関わりあいも深めていきたいですね。

Wedge
NISSIN

HONDA

Wedge
Motorcycle

HARLEY-DAVIDSON

ZEALOT
H.A.M.B.U.R.G
MASTER
HOW ARE YOU

ハンバーグ師匠の
モトライフ

著者 **井戸田 潤**

2023年11月10日　初版発行

装 丁　森田 直（FROG KING STUDIO）
本文DTP　岡田聡恵（Isshiki）
写 真　橋本勝美
イラスト　坪本幸樹
編集協力　吉田奈苗
校 正　株式会社東京出版サービスセンター
企画協力　株式会社ホリプロコム
編 集　大井隆義（ワニブックス）

発行者　横内正昭
編集人　内田克弥
発行所　株式会社ワニブックス
〒150-8482　東京都渋谷区恵比寿4-4-9えびす大黒ビル
ワニブックスHP　http://www.wani.co.jp/
（お問い合わせはメールで受け付けております。
HPより「お問い合わせ」へお進みください）
※内容によりましてはお答えできない場合がございます。

印刷所　株式会社美松堂
製本所　ナショナル製本

ISBN 978-4-8470-7363-2